Ein Stern, ein Buch, ein Gönner

Dein Karriere-Abenteuer beginnt hier drinnen.

Herausgegeben von

Doria Pfob

Aus Gründen der besseren Lesbarkeit wird auf die gleichzeitige Verwendung männlicher und weiblicher Sprachformen verzichtet. Sämtliche Personenbezeichnungen gelten gleichermaßen für beiderlei Geschlecht.

Satz, Grafik, Layout, Umschlagbild, Lektorat: Doria Pfob
Druck und Bindung: Flyeralarm.com

Zweite Auflage Oktober 2022
ISBN 978-3-200-07060-8

www.doria.at

DIESES BUCH SCHENKT DIR

______________________________,

ein Mensch,

der an dich glaubt und sich mit dir freut,

wenn du all deine beruflichen

Träume verwirklichst!

Hereinspaziert!

Ja, du hast im Umschlag richtig gelesen. Dieses Buch ist nicht erwerbbar, denn es erhebt den Anspruch verschenkt zu werden. Es möchte wahre Gönner zum Vorschein bringen. Menschen, die andere Menschen fördern und ihnen den Erfolg von ganzem Herzen gönnen.

Herzlichen Glückwunsch! Jemand in deinem Umfeld will dir etwas Gutes tun. Diese Büchlein wurde dir von einem „Mentor" geschenkt, einem Menschen, der dich damit unterstützen möchte, damit du nicht nur von deinem Wunschjob träumst, sondern ihn auch leben kannst. Von einer coolen Chefin oder einem coolen Chef, die möchten, dass du dich in ihren Unternehmen weiterentwickeln kannst, denn für sie zählt der Mensch im Unternehmen. Oder von einer tollen Kollegin, einem besonderen Freund, oder jemand anderen, weil diese Person davon überzeugt ist, dass die Wirtschaft in Österreich ohne deine Kompetenzen im richtigen Job verloren ist. Ihren oder seinen Namen findest du am Anfang des Buches. Solltest du dieses Buch von deinem Chef geschenkt bekommen haben, dann gratuliere ich doppelt. Und entweder weißt du um dein großes Glück, einen tollen Chef zu haben, oder du hast ihn schlichtweg unterschätzt. Wenn du aktuell in einer Orientierungsphase bist, dann lege einfach alle Kapitel dieses Büchleins auf deinen zukünftigen Wunschjob um. Oder beginne mit jenen Teilen, an denen man auch ohne Job arbeiten kann und wende dich den anderen Kapiteln zu, sobald du in deinem neuen Job startest.

Dieses Buch muss nicht von Anfang bis Ende chronologisch durchgearbeitet werden, sondern ladet zum Hineinschmökern und dazu ein, diejenigen Tasks zu finden, die gerade zu dir und deiner Situation passen. Jetzt bist du dran. Nimm dieses Geschenk als Chance an, um dein Karriere-Abenteuer zu starten. Und so funktioniert's, dass du mit einem Unternehmen in die Zukunft wachsen kannst und bei der Arbeit glücklich bist:

Arbeite intensiv und unaufhörlich an dir selbst, vergiss dein Gegenüber dabei niemals und achte immer auf das große Ganze.

Das Buch / Inhalt

Dieses Buch ist in drei Bereiche aufgebaut

ICH ▪ DU ▪ WIR

ICH

Wenn wir uns eine Veränderung wünschen, dann müssen wir bei uns selbst damit beginnen. Niemand sonst kann das für uns übernehmen. Hier findest du wichtige Bereiche, die deine Karriere einen Schritt weiterbringen.

DU

Alleine können wir gar nichts bewegen. Ein positives Umfeld hingegen, bewirkt Wunder. Erfahre in diesem Kapitel, wie du einen wertvollen Beitrag dazu leisten kannst.

WIR

Unternehmerisches Denken darf nicht nur in der „Chefetage" passieren. Wenn jeder einzelne den Entrepreneur im Unternehmen lebt, werden tolle Arbeitsplätze Realität. In diesem Kapitel erfährst du, wie du dein Unternehmen neben deiner Arbeit bereichern kannst.

PLUS

Darf ich mich vorstellen?

„Nimm dir Zeit zum Träumen, es bringt dich den Sternen näher."
Irischer Segenswunsch

Ich liebe dieses Zitat! Nicht nur, weil es darin um mich geht. Also nicht nur um mich, sondern um meine 200 Milliarden Verwandten und mich, die wir hier so rumschweben in unserer Galaxie. Jetzt gibt es bestimmt viele unter euch, die sich denken: „Was will mir dieser Stern schon erzählen? Es gibt doch gar keine sprechenden Sterne! Sterne sind bloß Kugeln aus Gas!" (Dabei bin ich nur nach Weihnachten ein bisschen rundlich…)

Mein Name ist übrigens Sternchen (ich höre aber auch auf Stern, Star oder Sterndal) und mit meiner aufgeweckten Art und meiner unermüdlichen Energie motiviere ich so viele Menschen und Himmelskörper wie möglich, um sie zu inspirieren!

Wir Sterne haben nämlich ein unfassbar warmes Inneres. Es steckt so viel Wärme in uns, dass wir von selbst zu glühen beginnen – heller als all eure Energiesparlampen auf der Erde zusammen. Ätsch! Ja, ich höre euch schon sagen: „Das ist halt Physik!" Seufz. Ihr Menschen und eure Erklärungen. Hier kommt meine Erklärung: Wir Sterne leuchten gemeinsam jeden Tag so hell wie möglich, um für euch sichtbar zu sein. Es ist uns so wichtig, dass ihr uns sehen könnt, dass wir wortwörtlich dafür verbrennen. Wir wollen, dass ihr zum Himmel seht und zu träumen beginnt. Von jenem Job, der euer Herz höherschlagen lässt. Macht es uns nach und findet, was euer Innerstes erwärmt und geht jenen Weg, der euch erstrahlen lässt. Denn, wenn man etwas gerne macht und auch noch mit Gleichgesinnten an einem Strang zieht, dann fühlt sich das gar nicht nach Arbeit, sondern nach einem gemeinsamen Wirken an. Das ist ein tolles Gefühl! Und jetzt mal Hand aufs Herz: Wenn bloße „Gaskugeln" es schaffen von selbst zu glühen, dann schaffst du es auch, deinen Wunschjob zu gestalten, oder? Wann immer du Zweifel daran hast, bitte ich dich, hinaus zu gehen in die Nacht. Meine Freunde und ich kommen dann vorbei und leuchten dir entgegen, damit du dich wieder daran erinnerst, dass alles möglich ist. Viel Erfolg und Spaß mit diesem Büchlein und deiner Zukunft,

dein Sternchen

Die

Entfernung
ist unwichtig.
Nur der

ERSTE
SCHRITT

ist schwierig.

Marie de Vichy-Chamrond, marquise du Deffand

Job Brainstorming

Unwiderstehliche Träume sind der erste Schritt Richtung Zukunft.

Dass es mich schönes Sternchen heute gibt, verdanke ich den Träumen von Doria. Weil sie es einfach nicht lassen kann, einfach wo rumzusitzen und genüsslich in den Tag zu träumen. Zu Schulzeiten beschwerten sich die Lehrer darüber bei ihrer Mutter. Bin ich froh, dass sie sich trotzdem nicht davon abbringen ließ. Bei meiner Entstehung saß Doria am Meer und träumte von ihrer ersten Langen Nacht der Bewerbung (das erfolgreiche Karriereevent in Österreich). Von glücklichen Menschen, deren strahlenden Gesichtern und dem Gejauchze am Ende der ersten langen Nacht. Von stolzen, überglücklichen Bewerbern mit besten Aussichten auf ihren Wunschjob und begeisterten Recruitern, die von großartigen Gesprächen beflügelt waren. Als ihre Träume zu dieser Nacht so richtig unwiderstehlich wurden, machte sie wieder einmal eines ihrer Brainstormings und zeichnete dessen Ergebnis auf. Das tut sie immer, zur Visualisierung, um das Ziel nicht aus den Augen zu verlieren. Und genau an diesem legendären Tag wurde ich geboren. Danke Doria!

Jetzt bist DU dran!
Erstelle Brainstormings für zwei Jobs oder zwei Wege, damit du von Anfang an wählen kannst. Und wenn Plan A und Plan B nicht reichen, gibt es noch 24 weitere Buchstaben im Alphabet.

Träume deinen aktuellen Job weiter oder neu. Stelle dir diesen Job in deinen Gedanken in seiner schönsten Form vor. Geh in deinen Träumen so weit, dass es schon fast kitschig wird, dann bist du genau richtig unterwegs. Wenn du dann bei „Oh mein Gott, ja, genau so!" angekommen bist, setze dich hin und gestalte ein Brainstorming dazu.

In der Mitte gibst du deinem Traumjob einen **Titel.** Beschreibe in wenigen Worten, was diesen Job so unwiderstehlich für dich macht. (**Jobwünsche**)

Nun überlege dir, welches **Anforderungsprofil** seitens eines Unternehmens für diese Position erwartet wird. Vielleicht existiert für deine Wunschposition schon ein Profil, dann kannst du dieses als Grundlage nutzen. Wenn noch kein detailliertes Berufsbild dazu existiert, schreibe einfach deine Vermutungen, was von dir erwartet werden könnte, nieder. Nun ziehe eine Linie zu den Fähigkeiten, die du für diesen Job mitbringst. Über welche **Skills** verfügst du schon und welche gilt es noch zu erlernen oder zu vertiefen?

Mentoren sind dabei hilfreiche Wegbegleiter. Es sind wichtige Unterstützer, damit wir nicht vom Weg abkommen. Du weißt schon, für jene Momente, wenn plötzlich unnötige, innere Zweifel auftauchen oder neidische Nörgler bei dir Bedenken auslösen. Deshalb suche dir zu Beginn deines Weges eine oder auch mehrere Vertrauenspersonen, die die nötige Kompetenz mitbringen, um dafür zu sorgen, dass du nicht von deinem Weg abkommst. Menschen, von denen du lernen kannst oder die für dich Brücken bauen können. Schreibe dazu in ein neues Feld nieder, wer das sein könnte.

Wer sind die **Entscheidungsträger?** Mit wem wirst du ein Gespräch bezüglich dieses Jobs führen müssen und was wird dabei wichtig sein?

Benenne jetzt noch die **Meilensteine,** an denen du erkennen wirst, dass du gut vorankommst. Abgeschlossene Aus- und Weiterbildungen, Jobstationen, Unternehmen und Menschen von denen du etwas lernen möchtest, Auslandsaufenthalte, Traineestellen, etc.

Hebe wichtige **Schlagwörter und Punkte** bunt hervor (Türkis und Gelb sind meine Lieblingsfarben) – das hilft beim **Visualisieren.** Du kannst auch bunte Pfeile oder Kreise malen und werfe immer wieder einen Blick darauf. Du kennst bestimmt das Sprichwort: „Aus den Augen, aus dem Sinn" - das solltest du nicht zulassen!

Und noch etwas: Wann immer es einer **Korrektur** bedarf, ändere umgehend den einen oder anderen Punkt. Alles, was dich deinem Ziel näherbringt, ist erlaubt und gehört in deinem Brainstorming festgehalten.

Die Definition von Wahnsinn **ist, immer wieder das** Gleiche **zu tun und andere Ergebnisse zu erwarten.** **Einstein**

Brainstorming A

MENTOREN

ENTSCHEIDUNGSTRÄGER

NAME

NAME

TERMIN

INHALT

Pssst..... vergiss nicht abzugleichen, ob die gesuchten Kompetenzen mit deinen Fähigheiten übereinstimmen bzw. sich ergänzen!

MEILENSTEINE

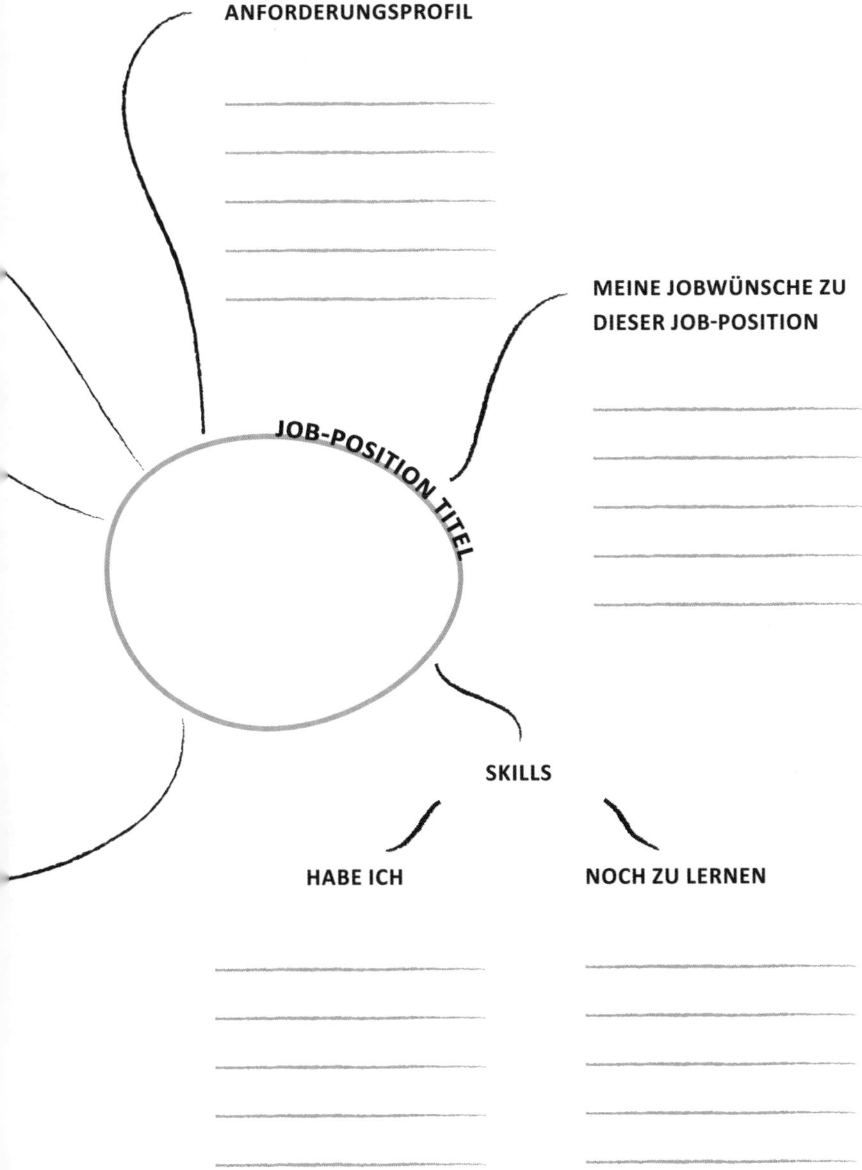
ANFORDERUNGSPROFIL
MEINE JOBWÜNSCHE ZU DIESER JOB-POSITION
JOB-POSITION TITEL
SKILLS
HABE ICH
NOCH ZU LERNEN

Brainstorming B

Hier kannst du deiner Kreativität für dein Brainstorming freien Lauf lassen! Zeichne, schreibe und male deinen Traumjob!

Notizen zu Brainstorming A

Notizen zu Brainstorming B

Ein TOLLER JOB,
in dem man
seine Kompetenzen
leben kann,
ist keine Utopie,
sondern eine
EINSTELLUNG.

Doria Pfob

Meine Motivationsstrategie

Wenn die Luft raus ist, bedeutet das nur, dass du das erste Flackern nicht als solches erkannt hast. Stell dir vor, auch Sternchen sind Demotivation gegenüber nicht immun.

Wie ich es hasse, wenn meine Kollegen nicht rechtzeitig ihr Licht ausmachen oder versehentlich zum wiederholten Male in die falsche Galaxie abbiegen. Das nervt! Und wenn ich nicht aufpasse, lasse ich mich immer weiter runterziehen, bis ich vollkommen entmutigt bin und dann bringe ich arbeitstechnisch gar nichts mehr zustande. Aber warum das immer so schlimm endet bei mir, habe ich nie verstanden. Auch hatte ich nie eine zündende Idee, wie ich diese große Demotivation verhindern kann. Doch dann hat mir Doria eine tolle Strategie verraten, die ich dir gerne weitererzählen möchte:

1. Erinnere dich an die beste Zeit in deinem Job.
Es kann Minuten, Stunden oder sogar Wochen gedauert haben. Finde jenen Moment, an dem du dich vollkommen von deiner Arbeit erfüllt empfunden hast. Egal, bei welcher Tätigkeit das war. Erzähle mir jetzt aber bitte nicht, dass das bei dir noch nie stattgefunden hat. Komm, streng dich an! Beim letzten Job? Beim vorletzten? Oder in der Schule… nein?! Ok, dann geh noch weiter zurück: Beim Spielen in der Sandkiste, als du Baggerfahrer werden wolltest oder Sandkuchen gebacken hast?

2. Erstelle nun eine Liste mit Eigenschaften, die diesen großartigen Moment geprägt haben. Die Liste soll so lange werden, bis dir nichts mehr einfällt. Also bei mir ist das z.B.
- kann meine Leuchtkraft voll entfalten,
- erhalte viel Lob,
- gehe in der Arbeit auf,
- bin von inspirierenden Sternen umgeben,
- lache viel und oft,

und so weiter.

Meine Motivationsstrategie-Liste

3. Wähle aus deiner Liste die 5 – 8 relevantesten Eigenschaften aus und reihe sie nach Wichtigkeit. Welche davon haben für dich die höchste Priorität, welche die nächstwichtigste, usw.? Versehe sie mit Nummern von 1 (höchste Priorität) bis 8 (niedrigste Priorität).

1. ______ 2. ______

3. ______ 4. ______

5. ______ 6. ______

7. ______ 8. ______

Lass diese Liste nie mehr wieder aus deinen Augen, hörst du? Das sind deine Motivationsfaktoren. Du solltest nämlich wissen: Demotivation tritt nicht ein, wenn eine dieser Eigenschaften wegfällt, sondern erst, wenn es mehrere betrifft. Das erkennst du aber nur, wenn du deine Motivationsstrategie verstehst. Jedoch sollten bei dir die Alarmglocken anfangen zu läuten, sobald der erste Faktor verschwindet. Dann solltest du dem schnellstmöglich entgegenwirken!

Behalte diese Liste immer in Sichtweite und mit dem ersten mulmigen Gefühl im Job, kontrolliere, ob Gefahr droht.

Bei einem Boot reagierst du ja auch beim ersten Zischen vom ersten kleinen Loch und nicht erst dann, wenn das Boot untergeht – hoffe ich zumindest. Wenn für dich zum Beispiel Lachen (Priorität 1) wichtig ist, und jeder um dich nur „grantelt", dann hilft es nicht, wenn du das einfach akzeptierst, denn dann beginnt deine Motivation bereits Risse zu bekommen. Noch ist aber im Großen und Ganzen alles in Ordnung. Wenn aber nun auch noch das Lob (Priorität 2) wegfällt, weil dein Chef gerade selbst seinen Kopf für einen Fehler hinhalten muss, dann fängt es langsam an ungemütlich zu werden. Schließlich sind jetzt schon zwei Faktoren, die deine Motivation eigentlich ausmachen, dahin. Spätestens jetzt musst du richtig reagieren.

Nur du bist für deine Motivationsstrategie verantwortlich, niemand anderes. Wenn du dich jetzt auf andere verlässt, bist du verloren. Ich raffe mich dann zum Beispiel auf und versuche einfach selbst, Humor in das Team zu bringen - und glaub mir, das ist gar nicht so einfach, denn Sternchen können sowas von sensibel sein! Wenn die anderen weiter granteln wollen, dann mache ich es eben nur für mich. Und notfalls fliege ich zu Doria und frage sie, was sie von meiner Arbeit hält, wenn Herr Mond wieder anderwärtig beschäftigt ist.

Und wenn du zum Beispiel ganz dringend Lob benötigst, dann steht dir dein Erfolgstagebuch hilfreich bei. Siehe „Balsam für meine Seele", Seite 66.

Lass dir nicht

alles gefallen.

Und schon gar

nicht von dir selbst.

FREI NACH VICTOR FRANKL

Ein Lächeln ins Gesicht zaubern

Doria sagt immer, es reicht nicht, wenn es uns gut geht. Es ist auch unsere Pflicht, andere glücklich zu machen. Nicht nur, weil das Leben aus Geben und Nehmen besteht, sondern auch, weil allgemein bekannt ist, dass Gutes tun, Glücksgefühle auf beiden Seiten auslöst. Dann macht Arbeiten noch mehr Spaß.

Wie oft schaffst du es, anderen Menschen ein Lächeln ins Gesicht zu zaubern, solange du dieses Buch benutzt?

Male für jedes Lächeln, das du erhaltest, ein Herzchen aus (zum Beispiel in Gelb oder Türkis – aber das ist nur ein Vorschlag meinerseits, du kannst auch deine Lieblingsfarben verwenden). Wenn alle angemalt sind, male neue Herzchen dazu.

Ich finde diese Herzchen, glaube mir, denn darin bin ich Weltmeister! Wenn ich ein ausgefülltes Herzchen entdecke, dann hast du auch mich, ein Sternchen, zum Lächeln gebracht. Das bedeutet ganz viel Sternenstaub für dich!

Meine Job-Bucket-Liste

Entzückender Blödsinn im Kopf fördert die Kreativität. Bucket-Listen sind zur Zeit ja sowieso der Renner. Willst du meine sehen?
Sternchen-Bucket-Liste:

- Mit dem Jupiter um die Wette kurven
- Alle Planeten an einem Tag besuchen
- Heimlich zu schnell durch die Milchstraße düsen (hihi)
- So hell leuchten, dass ich zum hellsten Stern in der Galaxie werde

Bucket-Listen regen uns dazu an, uns mehr zu trauen und unsere eigenen Grenzen zu überwinden. Was möchtest du insgeheim gerne machen?

Mit Chefs, Kunden, Kollegen oder für dich selbst - alles ist erlaubt, was Humor hat, anders ist und dich oder andere beflügelt. Was gar nicht geht: Jemanden Schaden zuzufügen. Bedenke dabei bitte, dass Bucket-Listen nicht für die Schublade gedacht sind. Sie wollen gelebt werden (dürfen). Also setze dir eine Zeitspanne für die Umsetzung, von jedem deiner, noch geheimen, Wünsche. Hake deine Ziele ab, sobald du sie mit Freude erreicht hast.

Ein bisschen weniger und etwas mehr

Was wäre das Leben ohne 100%? Nein, damit ist nicht Perfektionismus gemeint, sondern, dass wir für jede Tätigkeit 100% zur Verfügung haben.

Also, wenn wir in einer Besprechung sind, dann ergeben all unsere Taten (präsentieren, Fragen stellen, zuhören, sich ärgern über entbehrliche Antworten von Kollegen, sich auf den knurrenden Magen konzentrieren, heimlich Handy checken, in Erinnerungen an die gestrige Verabredung schwelgen, gedankliche Abwesenheit und so weiter) 100%.

Wenn wir nun ahnen, dass es wichtig ist, kein Wort zu versäumen, dann können wir nicht einfach „mehr zuhören", sondern müssen von etwas anderem zuerst weniger machen. Denn 110% an Zeit gibt es nicht. Somit müssen wir uns am Riemen reißen und uns vom Durchscrollen der neuesten Urlaubsfotos vom Nachbarn, dem wir den Urlaub ohnehin nicht gönnen, abhalten, damit wir mehr Zeit für die Worte des Auftraggebers haben. Wenn wir das nicht tun, dann können wir uns nicht zielführend ins Gespräch einbringen und verhindern somit eventuell einen wichtigen Auftrag.

Wovon möchtest du weniger tun, um von etwas anderem mehr tun zu können? Trage dein MEHR in den Pfeil ein, der nach oben zeigt. In den nach unten weisenden Pfeil trage dein WENIGER ein.

Wenn sich Kompetenzen und Anforderungen in deinem Job verändern, dann kannst du dir hier auch überlegen, welche deiner Fähigkeiten fortan mehr zum Einsatz kommen sollten und welche in Zukunft eventuell weniger gefragt sein werden.

Wenn du willst, kannst du dir bei der Umsetzung Unterstützung holen. Zeige die ausgefüllten Pfeile einer Kollegin oder einem Freund und bitte sie, dich daran zu erinnern, solltest du in alte Muster zurückfallen.

WENIGER...
MEHR...

Schwächen? Gibt es nicht!

Auch Doria war mal auf Jobsuche. Und dabei hat auch sie das eine oder andere „Bewerbungs-Schmankerl“ erlebt. Am liebsten denke ich jedoch an folgende Geschichte von ihr zurück. Weil sie so schön verdeutlicht, dass es keine Schwächen gibt, sondern nur hinderliche Sichtweisen zu bestimmten Fähigkeiten. Und das war so…

Vor langer, langer Zeit fand man die meisten Stellenanzeigen noch in der Zeitung (bitte schließe daraus jetzt nicht auf Dorias Alter, sonst bekomme ich noch Probleme!!). Jedenfalls klang das Jobinserat für Doria sehr vielversprechend. Da sie diesen Job unbedingt wollte, oder zumindest bei einem Gespräch herausfinden wollte, ob die Stelle dem entsprach, wovon sie träumte, machte sie sich an ihre Bewerbungsunterlagen. Sie verpasste ihrem Lebenslauf den neuesten Schliff und zog im Anschreiben alle Register. Es dauerte nicht lange und prompt erhielt sie eine Einladung zum Bewerbungsgespräch.

Das Gespräch lief gut und am Ende ließen sie Doria wissen, dass es zu einem weiteren vertiefenden Gespräch kommen würde. Die Wartezeit ging also los. Doria wartete und wartete. Keine E-Mail, kein Anruf – eine Woche verging, ein Monat verging. Wer Doria kennt, der weiß, dass Geduld definitiv noch nie ihr Ding war. Sie so lange warten zu lassen, ging ihr gehörig gegen den Strich. Also setzte sie alles auf eine Karte und schrieb eine E-Mail. In dieser fragte sie, ob sie noch Interesse an ihr hätten, denn sie müsse in den nächsten Tagen eine Jobentscheidung treffen. Bingo! Es schien zu wirken. Innerhalb von 20 Minuten erhielt Doria eine Antwort und einen Terminvorschlag. Geht ja, dachte sie sich und freute sich. Beim nächsten Gespräch (mit ihrem zukünftigen Chef) ging es dann um Ziele, vertiefende Aufgabengebiete und um ihre Methode des Businessmodelings, welche sie in ihrer Funktion als Trainerin und Coach einsetzen wollte. Es lief bestens und sie waren sich einig, gemeinsame Wege zu gehen. Plötzlich lehnte sich der „Big Boss“ nach vorne, fixierte sie und sagte: „Darf ich Sie darum bitten, in Zukunft nicht mehr so zu drängen?“ Im ersten Moment wusste Doria gar nicht, worauf er hinauswollte. Doch plötzlich dämmerte es ihr, und ihr fiel ein, dass sie ja zu diesem Termin mit der besagten E-Mail sozusagen „gedrängt" hatte. Sie schmunzelte, lehnte sich ebenfalls nach vorne und antwortete: „Das kann ich Ihnen leider nicht versprechen, denn wir haben ja gerade die Ziele und die damit verbundenen Verkaufszahlen diskutiert. Wenn es zeitlich eng wird und wir trotzdem diese Zahlen erreichen wollen, dann muss ich drängen. Sonst werden wir es nämlich nicht schaffen und dann wird nichts aus den Zielen." Vollkommen entspannt lehnte er sich wieder zurück und meinte mit einem Lächeln im Gesicht: „Dann drängen Sie weiter, Frau Pfob."

Die Moral von der Geschichte ist: Schwächen sind Fähigkeiten, die in manchen Kontexten oder auf bestimmte Menschen hinderlich wirken können. Es liegt an uns, unsere Fähigkeiten im richtigen Zusammenhang darzulegen. Nur so können vermeintliche Schwächen als Stärken gesehen werden. Wenn dir wieder einmal jemand einreden möchte, dass du Schwächen besitzt, oder dich nach deinen Schwächen fragt, dann denk an diese Geschichte.

Du hast keine Schwächen – sowie Doria, die hat auch keine. Außer einer: Eine Schwäche für großartige Sternchen (wie mich)...

Mein Erfolgstagebuch

Tue Gutes und rede darüber - das wissen jene, die auf der Karriereleiter ganz oben angelangt sind. Hand aufs Herz, die sind nicht nur da oben, aufgrund ihrer Fachkompetenz, sondern auch, weil sie Meister im Kommunizieren ihrer Kompetenzen sind.

Erfolg = Leistung + Kommunikation^2 (über die Leistung)

Ob bei einer Gehaltsverhandlung, im Bewerbungsgespräch oder beim Mitarbeitergespräch, ohne über deinen Erfolg angemessen zu kommunizieren, kommst du nicht weiter. Du glaubst, dass andere dein Talent schon entdecken werden? Wach auf! Lebe nicht nur deine Kompetenzen in deiner Arbeit, sondern sprich auch darüber. Damit ist aber weder Prahlen noch Protzen gemeint.

Damit du zum richtigen Zeitpunkt mit den richtigen Erfolgen punkten kannst, empfehle ich dir, ein Erfolgs-Tagebuch anzulegen. Dann brauchst du vor wichtigen Terminen nur einen Blick hineinwerfen und dich daraus bedienen. Wenn du Kritik erfährst und dich jemand so richtig miesmachen will, dann richte deinen Blick auf deine Erfolge, schmökere darin und schwups geht es dir wieder besser.

Notiere deshalb auf diesen Seiten deine bisherigen Erfolge und immer, wenn du etwas weiteres erreicht hast, füge es der Liste hinzu. Wenn du davon nicht genug bekommen kannst, dann lege dir ein eigenes Notizbuch, nur für deine Erfolge, zu.

Wozu du deine Erfolgsgeschichten noch gut einsetzen kannst, verrate ich dir ab Seite 76, wenn ich dir mehr zum Thema „How To Pitch" erzähle.

Datum Mein Erfolg

Datum Mein Erfolg

Datum Mein Erfolg

Datum Mein Erfolg

Datum Mein Erfolg

Datum Mein Erfolg

Datum Mein Erfolg

Datum Mein Erfolg

Entweder oder?

Einzelbüro	○	○	Großraumbüro
Tee	○	○	Kaffee
Tischpflanze	○	○	Tischlampe
Teamwork	○	○	Einzelarbeit
E-Mail	○	○	Telefonat
Sekt	○	○	Bier
Pausenclown	○	○	Chef vom Dienst
Mit dem Rad ins Büro	○	○	Sport ist Mord
Hausschuhe	○	○	Straßenschuhe
Couch	○	○	Fußballtisch
Feierabendbier	○	○	Netflix-Marathon
Kugelschreiber	○	○	Bleistift
Studentenfutter als Snack	○	○	Schokolade als Snack
Geburtstagsfeier	○	○	Weihnachtsfeier
Smoothie	○	○	Apfel
Leitungswasser	○	○	Mineralwasser
Bürohund	○	○	Büro-Alpaka
Topfpflanze am Tisch	○	○	Bild am Tisch
Tratsch Beauftragter	○	○	Stiller Beobachter
Workaholic	○	○	Büro-Yoga

Die
Erfolgreichen
suchen sich die

UMSTÄNDE,

die sie brauchen,
und wenn sie sie
nicht finden,

SCHAFFEN

sie sich
die Umstände
selber.

George Bernhard Shaw

Mein perfekter Arbeitstag

Wie sieht dein perfekter Arbeitstag aus? Wovon träumst du? Von lustig bis wichtig ist hier alles erlaubt. Lade auch Kollegen zum gemeinsamen Nachdenken ein und erarbeitet so die besten Arbeitsplätze. Ein weiches Ei vom Chef serviert bekommen, über ein klares „Ja" vom Kunden, Präsentationen rechtzeitig fertigstellen und nicht 5 Minuten danach, herzhaft Lachen mit den Kollegen, ein ordentlicher Schreibtisch...

Mein Job in 3-5 Jahren

Wie könnte sich dein Arbeitsplatz verändern und was sollte man heute schon „behirnen", damit Unternehmen und Mitarbeiter für jeden Wandel gewappnet sind?

Erfolg in der Zukunft hat der, der schon heute erahnt, was in den nächsten Jahren gebraucht wird. Überlege dir deshalb, was sich in deinem Job aufgrund Digitalisierung, Veränderungen am Markt oder auch eventueller Krisen ändern könnte. Wie könnte dein Job in drei bis fünf Jahren aussehen? Nach welchen Fertigkeiten sollte man schon heute bei Bewerbern zu suchen beginnen?

Schreibe deine Gedanken nieder, begründe sie nachvollziehbar und sprich mit deinem Chef oder der HR-Abteilung darüber. Werde dadurch für das Unternehmen unverzichtbar und sichere unzählige Arbeitsplätze in deinem Unternehmen.

PS: Ja, ich weiß, Herr und Frau Österreicher wissen ziemlich oft „warum des eh net funktioniert", wenn man mit neuen Ideen aufwartet. Einfach dranbleiben! Versuche es an einem anderen Tag nochmals, mit einer anderen Wortwahl. Andere zählen auf deine Beharrlichkeit und werden dir dafür dankbar sein - vielleicht nicht heute - aber ganz bestimmt morgen.

Auf der rechten Seite findest du symbolisch die Anleitung zu dieser Übung. Allerdings kannst du dir hier im Büchlein nur Stichwörter dazu notieren. Damit all deine Gedanken und Notizen genügend Platz finden, solltest du dir ein größeres Blatt mit mehr Platzvolumen zur Hand nehmen und alle Job-Positionen gut durchdenken und verschriftlichen.

Meine Job-Position: ____________________

Jobbeschreibung heute

- Ausbildungen

- Erfahrungen

- Hard Skills

- Soft Skills

Welche Änderungen könnten notwendig werden?

- Ausbildungen

- Erfahrungen

- Hard Skills

- Soft Skills

Jobbeschreibung in 3-5 Jahren

- Ausbildungen

- Erfahrungen

- Hard Skills

- Soft Skills

Notizen zu meinem Job in 3-5 Jahren

Um
unersetzbar
zu werden,
muss man
immer
anders
sein.

Coco Chanel

JEMAND NERVT MICH!

„Der Aufstand beginnt in dir und endet mit einem freien Kopf."

Ich sage euch, es gibt Sternchen-Kollegen, die treiben mich in den Wahnsinn. Dann kommt mir der „Watschenbaum" in den Sinn. Ja, ich weiß schon, das darf man nicht, und ich mache es auch nicht, obwohl es mich manchmal schon sehr in den Zacken juckt (bei euch vermutlich in den Fingern)... ABER: Stattdessen schreibe ich Briefe!

Das geht so: Verfasse hier einen Brief an jene Person, die dir gerade Kopf- oder Bauchschmerzen bereitet und deren Verhalten oder Worte du gerade nicht (mehr) aushaltest. Schreibe all deine Gedanken hinein und lass deiner Wut freien Lauf. Nimm dir dabei kein Blatt vor den Mund. Formuliere, was du der Person nur zu gerne an den Kopf werfen möchtest, was du aber nicht tust, weil du dir durch diesen Eklat nur Probleme einheimsen würdest. Lies dir dann den Brief nochmals gut durch und spüre wie es dir Erleichterung bringt, dir das alles endlich von der Seele geschrieben zu haben. Korrigiere, wo es noch einer Wortänderung bedarf, bis alles raus ist und du dir denkst: „Der Brief ist genial – mir ging es noch nie so gut wie jetzt!"

Reiße dann den Brief aus dem Buch und vernichte die Seite – sorgfältig (damit die Person niemals den Brief lesen kann!). Schreddern, Einschwärzen, Zerreißen, es gibt viele Möglichkeiten. Auch dabei kannst du deiner Wut freien Lauf lassen - viel Spaß!

Probiere es aus und lass dich überraschen, um wieviel es dir danach besser geht und sei ja nicht zu zögerlich in deiner Wortwahl.

LASS. ES. RAUS.

Mein Brief an …

Motivation
und **Spaß**
an der
Arbeit
sind die **Basis**
jeden
Erfolges.

Dietrich Mateschitz

Date gefällig?

Ich habe einmal folgendes Zitat von John Rohn gelesen: „Wir sind der Durchschnitt von jenen fünf Personen, mit denen wir uns am meisten umgeben."

Hast du das gewusst? Als ich das gehört habe, begann ich mich umgehend mit Sternen aus anderen Galaxien zu treffen. Denn, unter uns gesagt, meine beiden besten Freunde jammern extrem gerne und, naja, wie soll ich sagen, manchmal schweben sie ziemlich orientierungslos im All umher. Es sind eben super Freunde zum Blödsinn treiben. Die gebe ich nicht her, aber ich möchte auch weiterkommen. Nicht galaxienmäßig, sondern beruflich. Also erinnerte ich mich an das Zitat mit dem Durchschnitt, bekam ein bisschen Angst und begann offen zu sein und andere Sternchen zu treffen. Mein Highlight war natürlich Doria und seither gehen wir in Sachen Lange Nacht der Bewerbung gemeinsame Wege.

Beginne auch du, erfolgreiche Menschen zu daten, von denen du denkst, dass du sie kennenlernen möchtest, um etwas von ihnen zu lernen, Geschichten zu erfahren oder um wertvolle Tipps für deine Zukunft zu erhalten. Beginne hier deine Liste und überlege, wie und wann du diese Personen treffen kannst. Um noch mehr von diesen Begegnungen zu profitieren, überlege dir vorab Fragen, die du der Person stellen möchtest, um zielgerichtete Antworten für deine nächsten Karrierschritte zu erhalten.

Und höre niemals wieder damit auf – denn das Treffen neuer Menschen bringt auch neue Sichtweisen. Die brauchst du, um deine Zukunft noch besser bzw. zielgerichteter gestalten zu können.

LASS DICH INSPIRIEREN!

Date mit Datum

Notiz zum Date

Date mit Datum

Notiz zum Date

Date mit Datum

Notiz zum Date

Date mit Datum

Notiz zum Date

Date mit Datum

Notiz zum Date

Date mit Datum

Notiz zum Date

Date mit Datum

Notiz zum Date

Date mit Datum

Notiz zum Date

Die größere Gefahr
für viele von uns
ist nicht,
dass unser Ziel
hoch ist und
wir es verfehlen,
sondern dass es
zu niedrig ist
- und wir es erreichen.

Michelangelo

In
dir
muss
brennen,
was
du
in
anderen
entzünden
willst.

Hl. Aurelius Augustinus

Mein Stimmungsbarometer

Verfolge hier deine Stimmung(en), die du beim Arbeiten hast. Kreuze am Ende der Woche an, wie du dich überwiegend beim Arbeiten gefühlt hast. Überlege dir, wie du negativen Stimmungen in Zukunft rechtzeitig gegensteuern kannst. Dabei kannst du auch die Inhalte dieses Buches verwenden.

						Was tun?
Woche 1	○	○	○	○	○	________
Woche 2	○	○	○	○	○	________
Woche 3	○	○	○	○	○	________
Woche 4	○	○	○	○	○	________
Woche 5	○	○	○	○	○	________
Woche 6	○	○	○	○	○	________
Woche 7	○	○	○	○	○	________
Woche 8	○	○	○	○	○	________
Woche 9	○	○	○	○	○	________
Woche 10	○	○	○	○	○	________
Woche 11	○	○	○	○	○	________
Woche 12	○	○	○	○	○	________

						Was tun?
Woche 13	○	○	○	○	○	______
Woche 14	○	○	○	○	○	______
Woche 15	○	○	○	○	○	______
Woche 16	○	○	○	○	○	______
Woche 17	○	○	○	○	○	______
Woche 18	○	○	○	○	○	______
Woche 19	○	○	○	○	○	______
Woche 20	○	○	○	○	○	______

AUSWERTUNG

Nach fünf Monaten kannst du dann deine persönliche Bilanz ziehen: Bist du glücklich? Oder ist es an der Zeit, einen Urlaub zu buchen?

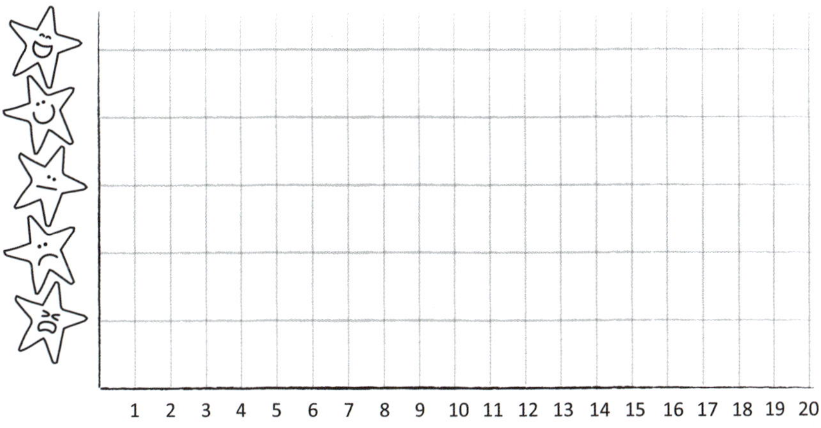

Deine Bilanz: ○ Läuft gut! ○ Reif für die Insel

Einfach mal Danke sagen!

Und jetzt ist es an der Zeit, andere glücklich zu machen, denn davon kann man nicht genug tun.

Erzähle deine Dankeschön-Geschichte: Wer hat dir etwas Gutes getan? Diese Person weiß vielleicht gar nichts mehr davon oder hat es eventuell vergessen. Kaufe oder pflücke einen Strauß Blumen oder lass dir ein anderes kleines Geschenk einfallen. Gehe auf die Person zu, bitte sie um ein bisschen Zeit und los geht's: Sag Danke. Und dann beobachte den Gesichtsausdruck der Person – das kann durchaus unter die Haut gehen, wenn andere plözlich verlegen oder nervös werden und dank dir zu lächeln beginnen. Ich habe Doria letztens einen Sternepolster als Dankeschön geschenkt, weil sie mir schon so oft die „Lange Nacht der Bewerbung" ermöglicht hat. Sie hat über beide Ohren gestrahlt. Ich kann von ihrem Lächeln einfach nicht genug bekommen.

Person

Mein Danke

Datum

Reaktion

Person

Mein Danke

Datum

Reaktion

Person

Mein Danke

Datum

Reaktion 

Person

Mein Danke

Datum

Reaktion 

Person

Mein Danke

Datum

Reaktion 

Person

Mein Danke

Datum

Reaktion 

Mitarbeiter Empfehlung

Zusammenbringen, was zusammengehört.

Ich weiß, dass ihr da unten auf der Erde auf Dating-Plattformen steht. Zuerst den Computer mit verschönerten Daten zur eigenen Person befüllen und dann die Wunschkandidaten akribisch auf Makel untersuchen, um sich dann wochenlang oder monatelang zu wundern, dass niemand passt. Pffff...verstehe ich nicht!

Ich bevorzuge das Verkuppeln! Das geht auch viel leichter, da ich weiß, wer von meinen Sternchenfreunden oder -kollegen, welche Vorlieben pflegt. Wenn ich merke, dass einer wieder einmal auf Suche nach einem anderen ist, dann lasse ich meine Verkupplungskünste spielen. Nicht immer tragen sie Früchte, das ist klar, aber immer öfters.

Du kennst deine Freunde/Bekannten und du kennst das Unternehmen, für das du arbeitest. Wenn du glaubst, dass zwei füreinander bestimmt sind, dann leg los und bringe die beiden zusammen. Aber vergiss nicht: „Drück einem Vegetarier kein Fleisch aufs Auge", denn das funktioniert nicht. Es geht nicht darum einen guten Kumpel unterzubringen, sondern darum, dass du dir überlegst, welche Kompetenzen und welcher Typ Mensch gut zum Unternehmen passen könnte und welchen Mehrwert dieser Mensch für die Firma darstellt. Das Ganze natürlich vice versa.

Person

Position

Kompetenz

Team

Mehrwert

Person

Position

Kompetenz

Team

Mehrwert

Person

Position

Kompetenz

Team

Mehrwert

Person

Position

Kompetenz

Team

Mehrwert

It always seems impossible until it‘s done.

Nelson Mandela

Meine Great-Job-Story

Es gibt Jobs, die sind stinklangweilig. Und dann gibt es noch die tollen, super spannenden Jobs, die alle haben wollen. Was haben diese Must-have-Jobs gemeinsam? Erzählenswerte Erlebnisse.

Diese Stories, die in der Welt verbreitet werden, ziehen Mitarbeiter magisch an. Erzähle auch du eine Geschichte, die deinen Job und dein Unternehmen hell leuchten lässt. Dadurch wirfst du ein gutes Licht auf euch beide. So können wir (also du und ich) gemeinsam um die Wette leuchten und die Arbeitswelt bunter und interessanter gestalten. Motiviere und begeistere auch deine Personalabteilung für Storytelling. Deine Story könnte nämlich im Recruiting zum Einsatz kommen – denn mit guten Geschichten sichern sich Unternehmen einen Logenplatz im Kopf von Bewerbern.

Wenn du möchtest, und der Datenschutz es erlaubt, dann schicke deine Geschichte doch an Doria (ideen@doria.at), denn sie ist leidenschaftliche Story-Sammlerin. Jetzt bist du dran: Schreibe deine Story hier nieder!

Aussagekräftiger Titel:

Meine Story:

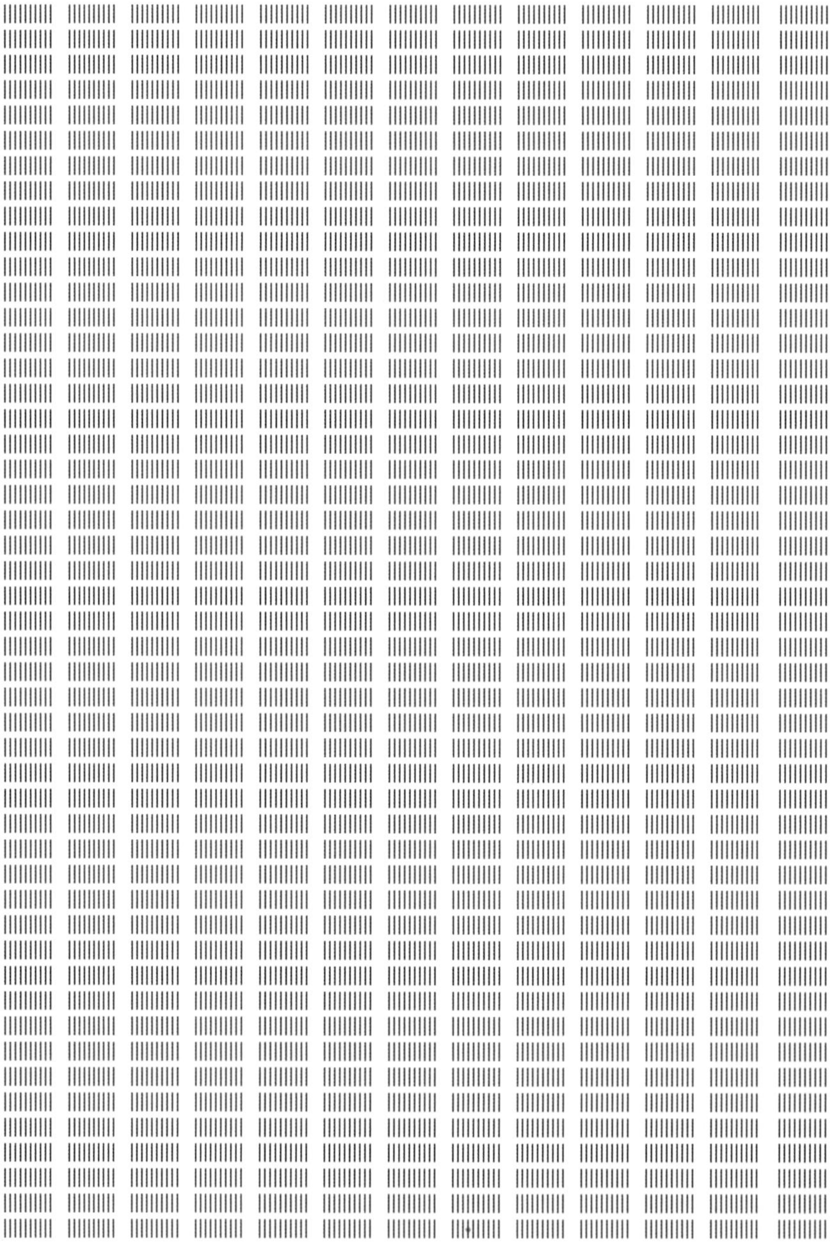

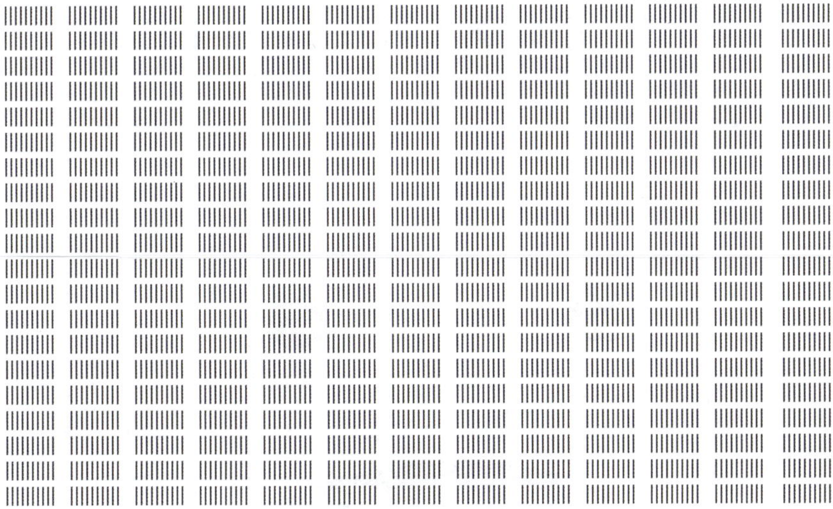

10 000 Stunden!

In einem ganz gescheiten Buch[1] las ich, dass jemand der 10.000 Stunden geübt hat, nicht anders kann, als gut zu sein. Überprüfe hier, auf welchem Level du dich befindest. Ob Konzepte schreiben, Pläne zeichnen, Verkaufen, Programmieren, ein Musikinstrument spielen, suche dir eine Fähigkeit aus. Das soll nicht bedeuten, dass du den Rest deines Lebens immer den gleichen Job ausüben musst. Wann immer du willst, kannst du neu durchstarten, aber sei dir bewusst, dass du dann wieder bei Stunde 0 stehst. Aber, wenn du etwas wirklich willst, dann bemühst du dich. Hier kannst du schnell überprüfen, wie weit du bist.

Los gehts: 1 Strich = 1 Stunde!

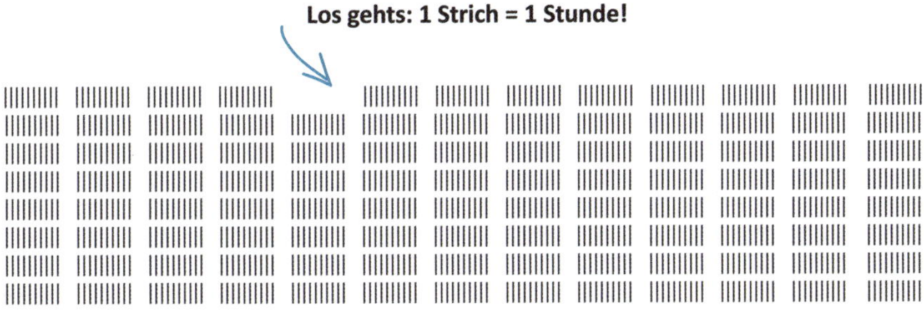

Es liegt bei dir, wie der Tag heute wird.

Einfach mal das Buch umdrehen.

Balsam für meine Seele

Der Mitarbeiter lebt nicht vom Gehalt allein.

Ich gestehe, ich bin ein Sensibelchen. Wenn ich nicht ab und an ein Lob erhalte, verdurste ich und dann ist meine Motivation dahin. Doria versteht mich, aber sie erinnert mich dann auch oft daran, dass nicht nur die anderen für meine Motivation verantwortlich sind.

Vorgesetzte sind nicht böse, manchmal reicht ihnen bloß das Wasser selbst bis zum Hals und dann haben sie keine Antennen für notwendiges Lob. Stell dir folgende Situation vor: Gerade als du dir den Finger an der Herdplatte verbrennst, möchte dein Partner ein Lob dafür, dass er gerade das Wohnzimmer geputzt hat. Kein guter Zeitpunkt, oder? Deshalb notiere hier jedes Lob, welches du einheimst. Dann kannst du hier nachschauen, wenn gerade wieder einmal eine „Lob-Eiszeit“ herrscht. Du kannst auch Erlebnisse niederschreiben, auf die du selbst stolz bist. Oder du forderst es einfach ein. Frag aktiv nach, was andere von deiner Arbeit halten.

PS: Wenn du beim nächsten Mitarbeitergespräch gefragt wirst, wie es dir so geht, dann leg los und sprich begeistert über das positive Feedback, das du von Kollegen, Projektpartnern, Vorgesetzten oder Kunden erhalten hast, denn dann gerät dein Gegenüber gleich in die Defensive, wenn er dir etwas vorwerfen möchte. Zusätzlich kannst du es gut für deinen Pitch gebrauchen. Siehe „Mein Pitch“, ab Seite 76.

Heute am ______________________ wurde ich von ______________________

dafür gelobt, dass ich ______________________

____

____

Heute am ______ wurde ich von ______

dafür gelobt, dass ich ______

______

______

Heute am ______ wurde ich von ______

dafür gelobt, dass ich ______

______

______

Heute am ______ wurde ich von ______

dafür gelobt, dass ich ______

______

______

Heute am ______ wurde ich von ______

dafür gelobt, dass ich ______

______

______

Heute am wurde ich von

dafür gelobt, dass ich

Heute am wurde ich von

dafür gelobt, dass ich

Heute am wurde ich von

dafür gelobt, dass ich

Heute am wurde ich von

dafür gelobt, dass ich

Heute am wurde ich von

dafür gelobt, dass ich

Heute am wurde ich von

dafür gelobt, dass ich

Heute am wurde ich von

dafür gelobt, dass ich

Heute am wurde ich von

dafür gelobt, dass ich

Sei Kreativ!

Mandalas sind sehr beruhigend.
Male dieses hier daher dann aus, wenn du so richtig wütend bist. Noch immer wütend? Dann beschimpfe das ausgemalene Mandala abschließend wüst und wild.

Punkte verbinden & dann ausmalen!

Zeichne den Stern fertig! Dann kritzel wild darüber!

Nur wer seinen eigenen Weg geht, kann von niemanden überholt werden.

Marlon Brando

Gut-gemacht-Liste

Nicht vergessen: Beitrag leisten. Das Leben besteht aus Geben und Nehmen. Vom Geben darf es immer ein bisschen mehr sein. Was ist dein Beitrag für ein gutes Gelingen im Team bzw. im Unternehmen?

DAS-MÖCHTE-ICH-NOCH-LERNEN-LISTE

Doria sagt immer, orientiere dich an Menschen, die zwei Köpfe größer sind als du. Damit meint sie aber nicht nur Menschen in hohen Job-Positionen (oder Menschen, die über 1,80 m groß sind), sondern vor allem auch einzelne Fähigkeiten, die du an Kollegen schätzt oder bewunderst.

Dabei kann es durchaus vorkommen, dass du diese Skills nicht nur bei Menschen findest, die dir sympathisch sind, sondern auch bei jenen, die dich „nerven". Kann es nicht sein, dass wir oftmals einfach nur auf bestimmte Fähigkeiten von Menschen neidisch sind? Leider neigen wir dann dazu, dass wir aufgrund des Neides, nicht erkennen, wie viel wir von dieser Person lernen können. **Schiebe deshalb all deine oberflächlichen Vorurteile beiseite und schau auf jene Fähigkeiten dieser Person, von denen du am meisten in deinem Job profitieren kannst! Erlerne sie!**

Wie mein Kollege sich zum Beispiel beim Mond einschleimt, ist kaum auszuhalten! Aber ich erblasse jedes Mal vor lauter Neid und hasse ihn dafür, wenn er damit einmal mehr seine Projekte durchsetzen kann. Später lernte ich von Doria sein Verhalten zu analysieren und mir gewisse Eigenschaften anzueignen. Ich beobachtete, dass er zum Mond meistens sehr freundlich war und öfters seinen Worten zustimmte. Das Freundlich sein mache ich jetzt auch und komme seither mit dem Mond viel besser aus. Dass ich zu allem ja und Amen sage, so wie mein Kollege, das kannst du aber vergessen, denn ich muss ja nicht gleich alles übernehmen. Der Trick mit dem besonders freundlichen Grüßen war jedoch nicht schlecht.

Mache dir deine persönliche Liste und schreibe auf, WER in WAS gut ist.

PS: Es tut auch nicht weh, dieser Person mal deine Anerkennung für diesen neuen Soft Skill zu zeigen. Es passiert nämlich viel zu oft, dass wir Menschen, bloß weil wir ein paar ihrer Verhaltensmuster nicht dulden, gleich zu 100% ablehnen. Das ist für die Gruppendynamik äußerst hinderlich. Mit dieser Übung lernst du, Menschen mit anderen (positiven) Augen zu sehen.

FÄHIGKEIT	PERSON

Ich - einfach unwiderstehlich!

Vor einer gefühlten Ewigkeit war ich bloß ein kleiner Stern in der Galaxie. Heute bin ich Inspirator und Motivator für Menschen, die beruflich weiterkommen wollen. Und: Der wahre Held der Langen Nacht der Bewerbung und euer Wegbegleiter.

Um dort hinzukommen, habe ich mich eines genialen Rezeptes von Doria bedient, welches ich dir nicht vorenthalten möchte. Das ist nun auch mein letzter Tipp in diesem Büchlein für dich. Dabei geht es darum, Entscheidungsträger in kurzer Zeit davon zu überzeugen, dass man der richtige Kandidat für einen Job ist.

Dazu erzählt man in zwei Minuten, mit welchen Fähigkeiten, man in welcher Position dem Unternehmen, welchen Nutzen stiften möchte. Man unterstreicht dies mit bisherigen Erfolgen (siehe „Erfolgstagebuch", Seite 32) **und Feedback** (siehe „Balsam für die Seele", Seite 66) **relevanter Personen zur eigenen Arbeitsweise und erwähnt, wie man in der Arbeit vorgehen möchte.** Nennen tut sich das Ganze: „Pitch". Hier kannst du deinen überzeugenden Pitch erstellen, damit du ihn im richtigen Moment immer parat hast. Los geht's, bring dich gekonnt auf den Punkt und wenn sich bei dir etwas ändert, dann passt du das einfach an. Erarbeite zuerst die Inhalte mithilfe der Punkte 1-4 und verfasse danach deinen Pitch „Marke-ICH".

1. Wichtige Kompetenzen erkennen!
Überlege dir zuerst deine fünf besten Fähigkeiten, Fachkenntnisse und Soft Skills, die du aus deiner Sicht für deinen Traumjob/Wunschjob mitbringst, und trage diese in der nachfolgenden Liste ein. Danach recherchiere nach den Kompetenzen, die am meisten für diese Position aktuell am Markt gesucht werden. Rufe dazu eine Jobbörse im Internet auf, gib die gewünschte Position ein und durchstöbere die Stellenanzeigen nach den verlangten Fähigkeiten. Erkenne jene, die du ebenfalls bereits beherrschst und ergänze die Liste mit diesen Skills.

Fokussiere dich immer auf jene Fähigkeiten, die du einerseits beherrschst UND die andererseits gegenwärtig am Markt gesucht werden.

1. ______________ 2. ______________

3. ______________ 4. ______________

5. ______________ 6. ______________

7. ______________ 8. ______________

9. ______________ 10. ______________

Fasse nun die Gemeinsamkeiten der eigenen und gesuchten Fähigkeiten zusammen. Welche sind die 3-6 wichtigsten Kompetenzen, die dich so unwiderstehlich machen?

1. ______________ 2. ______________

3. ______________ 4. ______________

5. ______________ 6. ______________

2. Unternehmerisches Denken - ist gefragt wie nie!

Wenn du einen Job unbedingt haben willst und gegen Mitbewerber bestehen musst, dann kommuniziere, wie ein Unternehmen von dir, aufgrund deiner Arbeit, profitiert. Denn all die Fähigkeiten von Menschen bringen nichts, wenn sie zu keinem positiven Ergebnis führen. Der Nutzen sorgt dafür, dass du mit den richtigen Augen gesehen wirst. Darum kommuniziere, mit welchen Fähigkeiten du welchen Nutzen stiften wirst. Am besten denke dabei in Richtung Zukunft – was könnte das Unternehmen in Zukunft erreichen wollen, wie kannst du hier mitwirken? Aus der Werbung sind wir es gewohnt, dass uns nicht das Produkt selbst beschrieben wird, sondern wie wir von dem Produkt profitieren. Machen wir es ihr nach. Unser Hirn bevorzugt ein „WOFÜR" und belohnt jene Menschen, die uns eine Antwort darauf liefern.

Mein Nutzen

Formuliere jenen Nutzen, den du aufgrund deiner Fähigkeiten für das Unternehmen im zukünftigen Job generieren kannst.

3. Erfolge und Meinungen von Dritten schaffen Vertrauen
„Die Botschaft hör ich wohl, allein mir fehlt der Glaube", sagte Johann Wolfgang von Goethe. Damit dieser Gedanke beim Entscheidungsträger nicht aufkommt, ist es hilfreich, mit Erfolgen und Referenzen den Beweis für bisherige gute Arbeit zu liefern. Menschen, die vergangene Erfolge belegen können, traut man auch zukünftige Erfolge leichter zu. Zudem hat es sich in unserer Gesellschaft eingebürgert, dass wir unabhängigen Personen mehr Glauben schenken, als unserem unmittelbaren Gegenüber. Deshalb kann es von Vorteil sein, auch zu erwähnen, was andere (Vorgesetzte, Teammitglieder, Kunden, etc.) am meisten an uns geschätzt haben bzw. schätzen.

Erwähne hier nur jene Erfolge, die unmittelbar etwas mit der bevorstehenden Arbeit zu tun haben.

Nenne zusätzlich jene von anderen ausgesprochenen, wertgeschätzten Fähigkeiten, die bei deinem Gegenüber die letzten Bedenken ausräumen. (siehe dazu auch „Balsam für die Seele", Seite 66)

4. Das I-Tüpfelchen im Pitch

Jetzt kannst du dem Pitch den letzten Schliff verleihen, indem du eine Idee ansprichst, die ein konkretes Problem im Unternehmen oder am entsprechenden Markt lösen kann. Wenn jemand eine Idee mit klar ersichtlichem Nutzen für das Unternehmen anbietet, lässt dies keinen Chef kalt. Du zeigst damit, dass du dich schon voll und ganz mit der Position auseinandergesetzt und dir konkrete Gedanken gemacht hast. Achte aber darauf, niemanden vor den Kopf zu stoßen. Hier ist der Konjunktiv gefragt. Also nicht alles im Unternehmen umkrempeln, sondern lieber sinnvoll ergänzen wollen.

Überlege, welche Probleme es aus deiner Sicht im Unternehmen gibt und mit welcher Idee du hier zu einer Lösung beitragen könntest:

Und nicht zuletzt: Zeige dein ehrliches Interesse an der Position. Erzähle, was du an dem Unternehmen bewunderst und womit du dich identifizieren kannst. Denn, wenn wir die Wahl haben, entscheiden wir uns lieber für Menschen, die von uns begeistert sind.

Die richtigen Worte zur richtigen Zeit, sind die Eintrittskarte zum Wunschjob. (Doria Pfob)

Mein Pitch

Meine Marke-ICH in 2 Minuten auf den Punkt gebracht

[1] Das gescheite Buch heißt „Überflieger: Warum manche Menschen erfolgreich sind - und andere nicht." Geschrieben von Malcolm Gladwell.

Sticker ausschneiden & einkleben!

Mein Karriere-Planer

Auf den letzten Seiten dieses Büchleins findest du deinen persönlichen Karriere-Planer. Dort kannst du laufend überprüfen, wie es um deine Karriere steht und welche Schritte du noch zu tun hast.

So funktioniert dein Karriere-Planer:
Damit du jederzeit starten kannst, kannst du oben links den Monat und das Jahr selbst eintragen. Jedes Kästchen steht für einen Wochentag. Auch hier kannst du ganz einfach auf dem Strich, unter dem Kästchen, das Datum des jeweiligen Tages eintragen. Du kannst also **JETZT** loslegen.

Auf der linken Seite findest du Symbole zum Ausschneiden. Jedes Symbol steht für ein Thema im Buch (wenn du mehr davon brauchst, dann einfach Seite kopieren). Wann immer du ein Thema erfolgreich geschafft, abgearbeitet oder erledigt hast, schneidest du es aus und klebst es auf den Tag, an dem du es gemacht hast. Wenn du kein Bastel-Typ bist, dann kannst du es auch hineinzeichnen oder -schreiben. Du entscheidest, wie du den Kalender nutzt und wie oft du etwas machst. Je öfter du dich mit den Themen beschäftigst, desto besser, bzw. desto mehr wirst du von diesem Büchlein profitieren.

Natürlich kannst du in den Kalender auch andere wichtige Ereignisse und Termine eintragen. Auch Notizen finden hier Platz. Oder die Geburtstage deiner Kollegen, damit du weißt, wann es wieder Kuchen im Büro gibt. Hmmmm, lecker! Deshalb gleich eintragen:

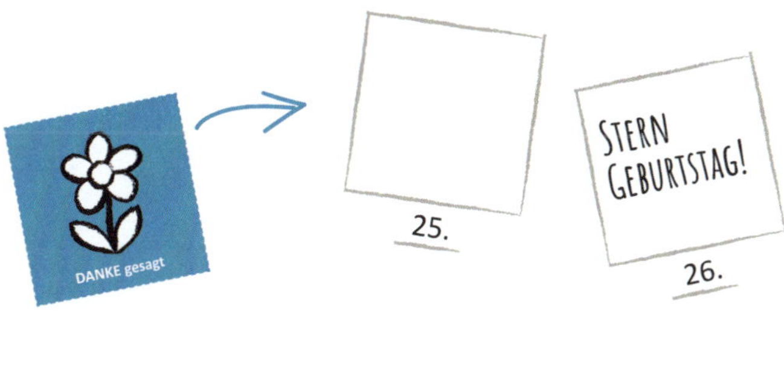

MONAT

JAHR

NOTIZEN

MONAT JAHR

NOTIZEN

MONAT JAHR

NOTIZEN

MONAT

JAHR

NOTIZEN

MONAT JAHR

NOTIZEN

MONAT

JAHR

NOTIZEN

MONAT

JAHR

NOTIZEN

MONAT

JAHR

NOTIZEN

MONAT

JAHR

NOTIZEN

MONAT

JAHR

NOTIZEN

MONAT **JAHR**

NOTIZEN

MONAT

JAHR

NOTIZEN

Das ist Doria

Dass Dorias bester Freund ein Sternchen ist, verwundert niemanden. Die beiden haben schließlich viele Gemeinsamkeiten: Sie brennen für das was sie tun, strahlen über beide Ohren, wenn sie Menschen inspirieren können und haben meistens so viel Energie, dass Ruhe schlichtweg ein Fremdwort für sie ist.

Das äußert sich auch in den vielfältigen Tätigkeiten, als Karrierecoach, Autorin, Univ. Lektorin und Rednerin, die sie seit Jahren ausübt. Als Initiatorin der erfolgreichen Veranstaltung „Lange Nacht der Bewerbung" (die mittlerweile in 4 Bundesländern stattfindet und einmal im Jahr eigens für IT-Fachkräfte als Onlineformat) bringt sie im Speeddatingformat Unternehmen und Jobhungrige zusammen. Mit der 1. Chef- Storytelling-Plattform „erLEUCHTEnd erzählt - Young talents show the human side of leaders", hat sie die kreativste Karriereberatung und Medienbildung für junge Menschen ins Leben gerufen. Dabei treffen junge Menschen auf unkonventionellem Weg auf Chef:innen, erstellen ein Video und zeigen ihrer Generation, dass die menschlichsten Chef:innen in Österreich zu finden sind. Mit zukunftsweisenden Recruitingformaten, schafft sie eine Abkürzung im Bewerbungsprozess und macht mehr Talente für die Wirtschaft sichtbar. Tausenden Menschen und vielen Unternehmen – und dem ein oder anderen Sternchen – hat sie bereits gezeigt, wie man sich sichtbar und unwiderstehlich macht.

Mit viel Humor, Herz und dem stetigen Anspruch an sich selbst, das Beste für alle Beteiligten rauszuholen, ist nun auch dieses Arbeitsbuch entstanden. Ein Buch voller Wertschätzung, aber auch voller Denkanstöße.

Denn, ein Traumjob ist (meistens) kein Zufall, und wenn man ein bisschen nachhilft, kommt er oft schneller als gedacht.

Anti-Vergessen-Liste

Geschafft, du hast die letzte Seite dieses Buches erreicht. Du hast in diesem Büchlein viel notiert und die eine oder andere Erkenntnis gewonnen. Zeit, um ein Resümee zu ziehen. Gehe nochmals alle Seiten durch und markiere die für dich wichtigsten Stellen. Trage die Auswahl in die Sterne ein. Entscheide dich dann für die 3-6 allerwichtigsten und nimm sie so in dein nächstes Arbeits- oder Notizbüchlein mit. So verstaubt nichts Wichtiges.